Yadira Suárez

Innovación Matemática: Competencias y Gamificación en el Aula

Yadira Suárez

Innovación Matemática: Competencias y Gamificación en el Aula

Transformando el Aprendizaje Matemático a través de la Gamificación: Estrategias para una Evaluación Integral

Editorial Académica Española

Imprint
Any brand names and product names mentioned in this book are subject to trademark, brand or patent protection and are trademarks or registered trademarks of their respective holders. The use of brand names, product names, common names, trade names, product descriptions etc. even without a particular marking in this work is in no way to be construed to mean that such names may be regarded as unrestricted in respect of trademark and brand protection legislation and could thus be used by anyone.

Cover image: www.ingimage.com

Publisher:
Editorial Académica Española
is a trademark of
Dodo Books Indian Ocean Ltd. and OmniScriptum S.R.L publishing group

120 High Road, East Finchley, London, N2 9ED, United Kingdom
Str. Armeneasca 28/1, office 1, Chisinau MD-2012, Republic of Moldova, Europe
Printed at: see last page
ISBN: 978-613-9-40921-1

Dedicatoria

A mis queridos estudiantes, fuente inagotable de inspiración y motivo de constante aprendizaje.

A mis colegas docentes, por su dedicación incansable y pasión por la educación, quienes día a día buscan nuevas formas de encender la chispa del conocimiento en sus aulas.

A mi familia, por su apoyo incondicional y amor inquebrantable, quienes han sido mi pilar y mi guía en cada paso de este camino; en especial a mi hijo Dorian y amado esposo Mario.

Y, finalmente, a todos aquellos que creen en la transformación de la educación y el poder del pensamiento crítico y creativo, en la esperanza de que este libro contribuya a construir un futuro mejor para nuestros estudiantes.

CONTENIDO

INNOVACIÓN MATEMÁTICA: COMPETENCIAS Y GAMIFICACIÓN EN EL AULA

Transformando el Aprendizaje Matemático a través de la Gamificación: Estrategias para una Evaluación Integral

PRESENTACIÓN

El pensamiento crítico y computacional es fundamental en el aprendizaje de la Matemática, influyendo significativamente en el desarrollo de competencias matemáticas y la satisfacción de los estudiantes. Sin embargo, la falta de claridad en los documentos curriculares sobre la implementación de estas competencias afecta el desarrollo en los estudiantes. El enfoque STEAM, con su inclusividad y multidimensionalidad, resalta la importancia de integrar el pensamiento lógico-formal y las matemáticas para fomentar el pensamiento crítico y conectar a los discentes con diversas disciplinas académicas.

Este libro también aborda un estudio centrado en describir cómo los docentes de la Institución Educativa Eloy Alfaro utilizan la gamificación para enseñar Matemática a los niños y niñas. Se han identificado las técnicas que emplean y explorado los beneficios de esta estrategia en el proceso de enseñanza y aprendizaje. La gamificación, al incorporar elementos de juegos en la educación, busca hacer más atractiva y participativa la experiencia de aprendizaje, mejorando significativamente el rendimiento académico de los estudiantes. Esta estrategia crea una dinámica positiva con la asignatura, despierta el interés por las matemáticas y eleva la capacidad resolutiva de problemas en el contexto en el que se desenvuelven los estudiantes.

En este libro, se explora la integración de enfoques innovadores como el STEAM y la gamificación, destacando cómo pueden transformar la enseñanza de las matemáticas. Al combinar el pensamiento crítico y computacional con técnicas gamificadas, se busca ofrecer a los estudiantes una educación más completa, significativa y alineada con los desafíos del siglo XXI. Los estudios presentados proporcionan una visión detallada de las prácticas educativas actuales y ofrecen recomendaciones para mejorar la enseñanza y el aprendizaje de las matemáticas a través de enfoques inclusivos y multidisciplinarios.

DE LA AUTORA

Yadira Tatiana Suárez Folleco

Magíster en Educación y Proyectos de Desarrollo con Enfoque de Género – Universidad Central del Ecuador

Licenciada en Ciencias de la Educación Mención Matemática y Física – Universidad Central del Ecuador

Investigadora independiente

yadira9tatiana@gmail.com

https://orcid.org/0009-0002-0639-2722

Capítulo I

Evaluación del Aprendizaje Matemático desde el enfoque por competencias en la educación secundaria

Resumen

El presente estudio aborda la transformación en la enseñanza y evaluación de matemáticas hacia un enfoque por competencias. Este cambio responde a la necesidad de una educación más integral y aplicada, enfocada en desarrollar habilidades, conocimientos y actitudes que permitan a los estudiantes enfrentar efectivamente los desafíos de la vida cotidiana y del mundo laboral. La evaluación tradicional en matemáticas, dominada por pruebas escritas, se ve complementada por métodos más variados y flexibles como pruebas de desempeño, portafolios, proyectos, observación directa y rúbricas. Estas herramientas permiten valorar no solo el producto final sino también el proceso de pensamiento y las habilidades aplicadas por el estudiante. La implementación de la evaluación por competencias implica un cambio en el rol del docente, quien debe actuar como facilitador del aprendizaje, y plantea desafíos en cuanto a la estandarización y comparabilidad de los resultados. La investigación se basó en una revisión bibliográfica exhaustiva de literatura científica y académica relacionada con el tema, utilizando un enfoque cualitativo documental. Los hallazgos sugieren que la evaluación por competencias en matemáticas permite una mayor flexibilidad, adaptabilidad a las necesidades individuales de los estudiantes y una visión más completa del aprendizaje, promoviendo un aprendizaje más significativo y duradero.

Introducción

La educación secundaria es una etapa crucial en el desarrollo académico y personal de los estudiantes. Durante este período, se sientan las bases para el pensamiento crítico, la resolución de problemas y la aplicación del conocimiento en situaciones reales. En este contexto, la matemática juega un papel fundamental, no solo como una disciplina en sí misma, sino también como una herramienta esencial para otras áreas del conocimiento. Sin embargo, la forma en que se enseña y se evalúa esta materia ha sido objeto de debate y reflexión en las últimas décadas. La evaluación del aprendizaje matemático desde el enfoque por competencias surge como una respuesta a la necesidad de una educación más integral y aplicada (Castrillo, 2022).

El enfoque por competencias en la educación busca desarrollar en los estudiantes un conjunto de habilidades, conocimientos y actitudes que les permitan enfrentar de manera efectiva los desafíos de la vida cotidiana y del mundo laboral. En el caso de las matemáticas, esto implica ir más allá de la memorización de fórmulas y procedimientos, para centrarse en la capacidad de resolver problemas, razonar lógicamente, comunicar ideas matemáticas y aplicar conceptos en contextos variados (Quiñones Ramírez, Zárate-Ruiz, Miranda-Aburto, & Sosa Celi, 2021).

Tradicionalmente, la evaluación en matemáticas ha estado dominada por pruebas escritas que priorizan la reproducción de procedimientos y la obtención de resultados correctos. Sin embargo, una evaluación centrada en competencias requiere métodos más variados y flexibles que permitan valorar no solo el producto final, sino también el proceso de pensamiento y las habilidades aplicadas por el estudiante.

Entre las estrategias de evaluación más utilizadas en este enfoque se encuentran las pruebas de desempeño, los portafolios, los proyectos, la observación directa y las rúbricas. Estas herramientas permiten al docente obtener una visión más completa del aprendizaje del estudiante, evaluando aspectos como la creatividad, el razonamiento, la capacidad de argumentación y la aplicación de conocimientos en situaciones nuevas (Moncini Marrufo & Pirela Espina, 2021).

La implementación de la evaluación por competencias en matemáticas también implica un cambio en el rol del docente, quien debe adoptar una actitud más flexible y abierta, actuando como un facilitador del aprendizaje más que como un transmisor de conocimientos. Esto requiere una formación continua y un compromiso con la innovación pedagógica.

Por otro lado, la evaluación por competencias plantea desafíos en cuanto a la estandarización y la comparabilidad de los resultados. La diversidad de métodos y herramientas de evaluación puede dificultar la homogeneización de los criterios de calificación y la interpretación de los resultados. Por ello, es necesario establecer marcos de referencia claros y consensuados que orienten la evaluación y garanticen la equidad y la objetividad (Salcedo Rodríguez & Prez Vázquez, 2020).

En este sentido, esta investigación tiene como objetivo principal identificar y analizar las estrategias, herramientas y desafíos asociados a esta modalidad de evaluación. Se busca comprender cómo se está implementando este enfoque en diferentes contextos educativos, qué impacto está teniendo en el aprendizaje de los estudiantes y cómo se están abordando los retos que surgen en su aplicación. Esta revisión permitirá a los educadores, investigadores y responsables de políticas educativas contar con un marco de referencia sólido para la toma de decisiones y la mejora continua de las prácticas de evaluación en matemáticas.

Metodología

La metodología empleada se basó en la investigación cualitativa documental. Se realizó una exhaustiva revisión bibliográfica de la literatura científica y académica relacionada con el tema, consultando artículos de revistas especializadas, libros, informes de investigación y documentos de política educativa (Hernández-Sampieri, Fernández-Collado, & Baptista-Lucio, 2017). Se seleccionaron aquellos documentos que aportaban información relevante y pertinente para el estudio, priorizando los trabajos que abordaban específicamente la evaluación del aprendizaje matemático en el contexto de la educación secundaria y desde un enfoque por competencias.

Posteriormente, se realizó un análisis cualitativo del contenido de los documentos seleccionados, identificando las principales temáticas, conceptos y argumentos relacionados con la evaluación por competencias en matemáticas. Se prestó especial atención a las estrategias de evaluación propuestas, los desafíos mencionados y los resultados obtenidos en diferentes contextos educativos. A partir de este análisis, se sintetizaron los hallazgos y se establecieron conexiones entre las diferentes fuentes, discutiendo las implicaciones de estos hallazgos para la práctica educativa y identificando posibles áreas de mejora y futuras líneas de investigación.

Resultados

La tabla 1 presenta una selección de estudios relacionados con la enseñanza y el aprendizaje de la matemática en educación secundaria, enfocándose en diferentes estrategias y herramientas para el desarrollo de competencias matemáticas. A continuación, se realiza un análisis de los estudios presentados:

Tabla 1: Selección de artículos para revisión

N°	Título	Autores	Enlace
1	Enseñanza flexible y aprendizaje de la matemática en educación secundaria rural	Vilchez Guizado, J., & Ramón Ortiz, J. Ángela. (2022)	https://doi.org/10.21556/edutec.2022.80.2431
2	Clase invertida: implicancias en el desarrollo de competencias matemáticas en educación secundaria	Vilchez Guizado, Jesús, & Ramón Ortiz, Julia Ángela. (2020).	http://scielo.sld.cu/scielo.php?script=sci_arttext&pid=S1990-86442020000500225&lng=es&tlng=es.
3	Quizizz en el desarrollo de competencias matemáticas en estudiantes de secundaria: Una revisión teórica	Farfán-Pimentel, J. F., Valdez-Asto, J. L., Serveleon-Quincho, F., Asto-Huamaní, A. Y., Carreal-Sosa, C. L., & Farfán-Pimentel, D. E. (2023).	https://doi.org/10.37811/cl_rcm.v7i2.5541
4	Proceso del pensamiento crítico y computacional en el aprendizaje de la Matemática	Ramón Ortiz, J. Ángela, & Vilchez Guizado, J. (2023).	https://revistaprismasocial.es/article/view/4776
5	Fundamentos teóricos del desarrollo de competencias matemáticas en la Educación Básica Secundaria	Gómez-Moreno, F. (2023).	https://doi.org/10.62697/rmiie.v2i1.27

| 6 | Pensamiento Lógico-Matemático revisión del modelo de evaluación STEAM para desarrollar competencias matemáticas | Manuela Angélica Mamani García, Gloria Martínez Gonzales, Jesús María Mamani García de Quedena, Araceli Elizabeth Montero Carcelén (2023). | https://dialnet.unirioja.es/servlet/articulo?codigo=8827077 |
| 7 | Plataformas virtuales en el desarrollo de competencias de matemática en estudiantes de 3er. grado de secundaria | Iglesias Albarrán, L. M., Pascual Gómez, I., & Arteaga-Martínez, B. (2020). | https://doi.org/10.5585/dialogia.n36.18279 |

Fuente: elaboración propia

El estudio "Enseñanza flexible y aprendizaje de la matemática en educación secundaria rural" de Vilchez Guizado y Ramón Ortiz (2022) se enfoca en analizar las implicaciones de la enseñanza flexible de la matemática en el logro del aprendizaje de estudiantes de quinto grado de secundaria en contextos rurales de la provincia de Huánuco, Perú, durante el año 2021, un período marcado por la pandemia de COVID-19. La investigación adopta un enfoque mixto, utilizando un diseño no experimental y una estrategia concurrente de triangulación para recopilar y analizar datos cuantitativos y cualitativos.

Los resultados indican que la mayoría de los estudiantes (72%) se mostraron conformes con la enseñanza flexible recibida, y más del 67% alcanzaron niveles de logro esperado y destacado en el aprendizaje de los contenidos matemáticos impartidos de manera personalizada. La enseñanza flexible, que combina modalidades presenciales y virtuales (sincrónicas y asincrónicas), fue percibida positivamente tanto por estudiantes como por docentes, quienes destacaron su adaptabilidad a las necesidades individuales y su capacidad para motivar el interés y facilitar el aprendizaje.

El estudio revela que la enseñanza flexible está directamente relacionada e influye positivamente en el proceso de aprendizaje de la matemática en estudiantes de secundaria rural. Los hallazgos sugieren que esta modalidad de enseñanza permite una mayor flexibilidad en la gestión del tiempo, el uso de recursos digitales, y la adaptación a las condiciones socioculturales y geográficas de los estudiantes. Además, se destaca la importancia del acompañamiento y apoyo personalizado por parte del docente en el proceso de aprendizaje.

Otro estudio de Vilchez Guizado y Ramón Ortiz (2020) se enfoca en analizar la eficacia del modelo didáctico de clase invertida en el proceso de enseñanza-aprendizaje de la matemática en estudiantes de quinto grado de educación secundaria. La investigación adopta un enfoque mixto, utilizando un diseño preexperimental para aplicar el modelo de clase invertida durante el desarrollo de los contenidos curriculares de matemática con actividades dentro y fuera del aula.

Los resultados obtenidos con el modelo didáctico confirman su eficacia para el aprendizaje de la matemática, con más del 65% de los estudiantes alcanzando logros entre excelente y bueno según la rúbrica de evaluación. Además, más del 70% de los participantes mostraron satisfacción plena con la estrategia didáctica. La competencia matemática de los estudiantes mediante la clase invertida se considera de un nivel superlativo, y el nivel de satisfacción sobre su aprendizaje logrado y las competencias matemáticas desarrolladas fue gratificante.

La clase invertida se caracteriza por una reorganización de tiempos y espacios de aprendizaje, donde el tiempo dedicado a la clase expositiva se traslada fuera del aula, y el tiempo de clase se utiliza para realizar actividades que requieren una participación más activa por parte del estudiante. Este modelo pedagógico busca facilitar la participación de los estudiantes en un aprendizaje basado en actividades y fomentar la exploración, articulación y aplicación de ideas durante el tiempo de clase.

En ese mismo sentido el estudio de Farfán-Pimentel et al. (2023) aborda la relevancia de incorporar herramientas tecnológicas en el proceso de enseñanza-aprendizaje para hacerlo más dinámico, creativo e innovador. En particular, se enfoca en la aplicación Quizizz, una herramienta que permite a los estudiantes aprender de manera lúdica y motivadora, desarrollando capacidades y habilidades matemáticas esenciales para la vida cotidiana.

La investigación es de naturaleza teórica y se basa en el método de análisis y síntesis, empleando una búsqueda exhaustiva de materiales como informes de tesis, artículos científicos, literatura especializada, bases de datos y plataformas informativas relacionadas con el tema de estudio. El objetivo principal es analizar la estrategia Quizizz en el desarrollo de competencias matemáticas en estudiantes de secundaria.

Los resultados de la revisión bibliográfica indican que el uso de Quizizz como herramienta pedagógica en entornos virtuales facilita el desarrollo de competencias matemáticas en estudiantes de educación básica y secundaria. Se destaca que esta herramienta promueve una cultura de evaluación constante y permite la retroalimentación formativa por parte del docente, generando en el estudiante un proceso de mejora continua.

El estudio "Proceso del pensamiento crítico y computacional en el aprendizaje de la matemática en educación secundaria" de Ramón Ortiz y Vilchez Guizado (2023) se centra en analizar la incidencia del pensamiento crítico y computacional en el aprendizaje de conceptos y procedimientos matemáticos en estudiantes de educación secundaria. La investigación adopta un enfoque mixto, combinando métodos cualitativos y cuantitativos, y utiliza un diseño no experimental. Los instrumentos de recolección de datos incluyen un cuestionario tipo Likert y una prueba cognitiva, y el análisis de los datos se realiza mediante estadística descriptiva.

Los resultados del estudio muestran un desarrollo sostenido del pensamiento crítico y computacional en los estudiantes durante las actividades de aprendizaje de matemáticas, expresado en la fluidez del manejo de conceptos y procedimientos lógicos en la resolución de problemas. Estadísticamente, se encontró una correlación entre el nivel de aprendizaje logrado y el desarrollo del pensamiento crítico y computacional, con valores de 0.545 y 0.823 respectivamente.

El estudio concluye que el pensamiento computacional y crítico desarrollado por los estudiantes de educación secundaria influye significativamente en el aprendizaje y en el desarrollo de competencias matemáticas, con implicaciones en el nivel de satisfacción sobre sus logros académicos y personales. Esta investigación resalta la importancia de integrar el pensamiento crítico y computacional en el proceso de enseñanza-aprendizaje de la matemática en la educación secundaria para mejorar el aprendizaje y el desarrollo de competencias matemáticas en los estudiantes.

Por su parte, el artículo de Fabio Gómez-Moreno (2023) presenta una exploración de los principios teóricos que sustentan el proceso de enseñanza y aprendizaje de las matemáticas en la Educación Básica Secundaria, particularmente en Colombia. Se analizan las competencias matemáticas y cómo se desarrollan en este proceso educativo, basándose en teorías relevantes y en la normativa educativa colombiana.

El autor destaca la importancia de relacionar los contenidos de aprendizaje matemático con la vida cotidiana de los estudiantes a través de situaciones problémicas, aunque señala que los Lineamientos Curriculares colombianos no proporcionan orientaciones claras para estimular los intereses de los estudiantes hacia la pluralidad de saberes y su vinculación con el sector productivo. Esto, según Gómez-Moreno, no favorece el desarrollo humano, social y tecnológico ni contribuye a la inclusión de los estudiantes en la resolución de problemáticas de su contexto.

Los Estándares Básicos de Competencias, construidos a partir de los Lineamientos Curriculares, establecen los parámetros de lo que todo estudiante debe saber y hacer para alcanzar un nivel de calidad esperado en su formación matemática. Sin embargo, el autor critica que estas competencias no se explicitan claramente en el documento, lo que dificulta su implementación en la planificación curricular.

Gómez-Moreno también examina otros documentos rectores como los Derechos Básicos de Aprendizaje, la Matriz de Referencia y las Mallas de Aprendizaje, resaltando que, aunque estos están orientados al desarrollo de competencias matemáticas, se centran en el contenido matemático sin abordar suficientemente los aspectos actitudinales o el "saber ser".

El autor concluye que, aunque el sistema educativo colombiano está encaminado al desarrollo de competencias matemáticas, los documentos curriculares no ofrecen una guía clara sobre cómo lograr este objetivo, afectando significativamente el desarrollo de competencias matemáticas en los estudiantes de la Educación Básica Secundaria.

Asimismo, el estudio "Pensamiento Lógico-Matemático: Revisión del modelo de evaluación STEAM para desarrollar competencias matemáticas" de Mamani García et al. (2023) examina el desarrollo de competencias matemáticas en estudiantes de secundaria utilizando un modelo de evaluación basado en el enfoque STEAM (Ciencia, Tecnología, Ingeniería, Arte y Matemáticas). La investigación destaca la importancia de integrar el pensamiento lógico-formal y las matemáticas para fomentar el pensamiento crítico y conectar a los estudiantes con diversas disciplinas académicas.

El modelo de evaluación propuesto es de naturaleza estocástica multidimensional y de carácter inclusivo, abarcando aspectos como la gamificación, el aprendizaje basado en proyectos, el aprendizaje basado en problemas y la ingeniería didáctica. Estas estrategias pedagógicas se sustentan en teorías de aprendizaje sociocultural y dialógico, con un enfoque de evaluación formativa que enfatiza la evaluación para el alcance de las potencialidades de los estudiantes.

El estudio concluye que el pensamiento computacional y crítico desarrollado por los estudiantes de educación secundaria influye significativamente en el aprendizaje y en el desarrollo de competencias matemáticas, con implicaciones en el nivel de satisfacción sobre sus logros académicos y personales. La investigación resalta la importancia de integrar el pensamiento crítico y computacional en el proceso de enseñanza-aprendizaje de la matemática en la educación secundaria para mejorar el aprendizaje y el desarrollo de competencias matemáticas en los estudiantes.

Por otro lado, la investigación de Iglesias Albarrán, Pascual Gómez y Arteaga-Martínez (2020) analiza la adaptación al aprendizaje completamente digital en una escuela secundaria del sur de España durante el confinamiento por la pandemia de COVID-19. Se centra en el aprendizaje del álgebra en estudiantes de 14-15 años, utilizando estrategias metacognitivas y materiales digitales para fomentar la autonomía y la comunicación entre docentes y estudiantes. Los resultados indican que los estudiantes superaron los criterios de evaluación y que el diseño facilitó una retroalimentación óptima durante el proceso de enseñanza-aprendizaje. El estudio destaca la importancia de adaptar la enseñanza a contextos digitales y de utilizar estrategias metacognitivas para mejorar el aprendizaje del álgebra en educación secundaria.

Conclusiones

La investigación sobre la evaluación del aprendizaje matemático desde el enfoque por competencias en la educación secundaria revela que la adaptabilidad y personalización de la enseñanza son cruciales para satisfacer las necesidades individuales de los estudiantes. Modelos pedagógicos innovadores como la clase invertida han demostrado ser efectivos para mejorar el aprendizaje de la matemática, fomentando la participación y el desarrollo de competencias de alto nivel. La integración de tecnología, especialmente herramientas como Quizizz, facilita el desarrollo de competencias matemáticas en entornos virtuales, promoviendo una cultura de evaluación constante y retroalimentación formativa.

El pensamiento crítico y computacional es fundamental en el aprendizaje de la matemática, influyendo significativamente en el desarrollo de competencias matemáticas y la satisfacción de los estudiantes. Sin embargo, la falta de claridad en los documentos curriculares sobre la implementación de competencias matemáticas afecta el desarrollo de estas competencias en los estudiantes. El enfoque STEAM, con su inclusividad y multidimensionalidad, resalta la importancia de integrar el pensamiento lógico-formal y las matemáticas para fomentar el pensamiento crítico y conectar a los estudiantes con diversas disciplinas académicas.

La adaptación a entornos de aprendizaje completamente digitales es posible y puede facilitar una retroalimentación óptima y el logro de criterios de evaluación, especialmente en situaciones de confinamiento como la pandemia de COVID-19. En conclusión, la evaluación del aprendizaje matemático desde el enfoque por competencias promueve un aprendizaje más significativo y duradero, adaptándose a las necesidades y contextos específicos de los estudiantes. Es necesario continuar investigando y desarrollando estrategias pedagógicas y de evaluación que fomenten el desarrollo integral de competencias matemáticas en los estudiantes.

Referencias bibliográficas

Castrillo, C. J. H. (2022). Metodologías para el aprendizaje por competencias de Ecuaciones Diferenciales aplicadas en Física al utilizar tecnología en la carrera Física Matemática. Revista Torreón Universitario, 11(32).

Farfán-Pimentel, J. F., Valdez-Asto, J. L., Serveleon-Quincho, F., Asto-Huamaní, A. Y., Carreal-Sosa, C. L., & Farfán-Pimentel, D. E. (2023). Quizizz en el desarrollo de competencias matemáticas en estudiantes de secundaria: Una revisión teórica . *Ciencia Latina Revista Científica Multidisciplinar*, *7*(2), 2987-3005. https://doi.org/10.37811/cl_rcm.v7i2.5541

García, M. A. M., Gonzales, G. M., de Quedena, J. M. M. G., & Carcelén, A. E. M. (2023). Pensamiento lógico-matemático: revisión del modelo de evaluación STEAM para desarrollar competencias matemáticas. Revista de filosofía, 40(103), 83-98.

Gómez-Moreno, F. (2023). Fundamentos teóricos del desarrollo de competencias matemáticas en la Educación Básica Secundaria. *Revista Mexicana De Investigación E Intervención Educativa*, *2*(1), 5–15. https://doi.org/10.62697/rmiie.v2i1.27

Hernández-Sampieri, R., Fernández-Collado, C., & Baptista-Lucio, P. (2017). Diferencias entre los enfoques cuantitativo y cualitativo.

Iglesias Albarrán, L. M., Pascual Gómez, I., & Arteaga-Martínez, B. (2020). El aprendizaje del álgebra en Educación Secundaria: las estrategias metacognitivas desde la tecnología digital. *Dialogia*, (36), 49–72. https://doi.org/10.5585/dialogia.n36.18279 127

Moncini Marrufo, R., & Pirela Espina, W. (2021). Estrategias de enseñanza virtual utilizadas con los alumnos de educación superior para un aprendizaje significativo. SUMMA, 3(1), 1-28. https://doi.org/10.47666/summa.3.1.13

Quiñones Ramírez, Leonela, Zárate - Ruiz, Gustavo, Miranda - Aburto, Elder, & Sosa Celi, Paul. (2021). Competency Approach (CE) and Formative Assessment (EF). Case: Rural school. *Propósitos y Representaciones*, *9*(1), e1036. https://dx.doi.org/10.20511/pyr2021.v9n1.1036

Ramón Ortiz, J. Ángela, & Vilchez Guizado, J. (2023). Proceso del pensamiento crítico y computacional en el aprendizaje de la Matemática en educación secundaria. *Revista Prisma Social*, (41), 194–211. Recuperado a partir de https://revistaprismasocial.es/article/view/4776

Salcedo Rodríguez, Medalit Nieves, & Prez Vázquez, Mateo Dolores. (2020). Relación entre inteligencia emocional y habilidades matemáticas en estudiantes de secundaria. Mendive. Revista de Educación, 18(3), 618-628. Epub 02 de septiembre de 2020. Recuperado en 28 de marzo de 2024, de http://scielo.sld.cu/scielo.php?script=sci_arttext&pid=S1815-76962020000300618&lng=es&tlng=es.

Vilchez Guizado, J., & Ramón Ortiz, J. Ángela. (2022). Enseñanza flexible y aprendizaje de la matemática en educación secundaria rural. *Edutec. Revista Electrónica De Tecnología Educativa*, (80). https://doi.org/10.21556/edutec.2022.80.2431

Vilchez Guizado, Jesús, & Ramón Ortiz, Julia Ángela. (2020). Clase invertida: implicancias en el desarrollo de competencias matemáticas en educación secundaria. *Conrado*, *16*(76), 225-233. Epub 02 de octubre de 2020. Recuperado en 28 de marzo de 2024, de http://scielo.sld.cu/scielo.php?script=sci_arttext&pid=S1990-86442020000500225&lng=es&tlng=es.

Capítulo II

Uso de la Gamificación en la Enseñanza de la Matemática por parte de los/as docentes de la Institución Educativa Eloy Alfaro en el tercer trimestre del año lectivo 2023 – 2024.

Resumen

La investigación se centró en el uso de la Gamificación como una estrategia efectiva en la enseñanza de Matemáticas para los docentes de la institución Eloy Alfaro. Los objetivos incluyeron describir el uso de estrategias gamificadas, identificar técnicas específicas y analizar los beneficios de la gamificación. Los resultados destacaron una alta consistencia en el instrumento utilizado, que incluyó encuestas aplicadas y analizadas mediante el software estadístico SPSS. Se observó que un porcentaje significativo de docentes relacionaban las experiencias de aprendizaje con el juego, lo que reflejaba una planificación contextualizada en el entorno educativo y una atención centrada en los estudiantes. Tras diseñar sistemas gamificados, los docentes reportaron un aumento en el rendimiento académico en Matemáticas. La frecuencia de uso de experiencias gamificadas en el aula fue notable, con un 39.2% de los docentes señalando una mejora en la competencia de resolución de problemas de sus estudiantes al finalizar la estrategia. Se concluyó que el juego es una dinámica esencial para el aprendizaje en el aula de Matemáticas.

Hoy en día, la educación emerge de un mundo cada vez más dinámico con las nuevas tecnologías, las que ofrecen oportunidades únicas para transformar los métodos tradicionales de enseñanza aprendizaje, la gamificación como estrategia innovadora, busca involucrar a los estudiantes de manera activa y consciente en su proceso de aprendizaje; sobre todo en la asignatura de Matemática.

El presente estudio se enfoca en describir el uso de la Gamificación en la Enseñanza de la Matemática por parte de los/as docentes de la Institución Educativa Eloy Alfaro en el tercer trimestre del año lectivo 2023 – 2024. Esta institución busca mejorar la calidad educativa y la incorporación de la gamificación es el primer paso para este progreso; se sustenta en los estudios:

El trabajo de investigación realizado por Culqui (2023) con el objetivo de diseñar una estrategia metodológica a través de la gamificación para el fortalecimiento del proceso de refuerzo académico en la asignatura de Matemática de niños de 5 a 9 años de edad. Investigación descriptiva, con enfoque cuali-cuantitativo, donde se aplicó técnicas de investigación bibliográficas y de campo con el empleo de una ficha de observación y una encuesta a 30 estudiantes del centro educativo.

La propuesta de gamificación de León (2022) en una unidad didáctica en la asignatura de matemática con los alumnos de 6 EGB. Investigación enfocada en diseñar una propuesta de gamificación para el área de matemáticas para estudiantes de 6to años de EGB, realización de un taller conformado por 7 sesiones de 5 horas cada uno, en 7 semanas. Con el objetivo de alcanzar un crecimiento, actualización docente y la satisfacción de los involucrados en el proyecto integrador; para ello realizó una propuesta de intervención con una evaluación final.

El estudio realizado en Santo Domingo, Ecuador por Vásquez (2021) investigación con enfoque cuantitativo, de tipo aplicada, nivel correlacional y de diseño no experimental transversal, empleó el método deductivo aplicando cuestionarios, uno para la variable gamificación y otro para la variable estándares de aprendizaje; comprobando la hipótesis de estudio planteada, la cual refiere que la gamificación influye de manera positiva en el aprendizaje de la matemática de los estudiantes de 8vo, 9no y 10mo año.

La investigación de Competencias transversales en el contexto educativo universitario: un pensamiento crítico desde los principios de gamificación, escrita por Polo, Ramírez, Hinojosa y Castañeda (2022) este estudio pre experimental, descriptivo y correlacional, con caracterización del tema; tiene el propósito de implementación de la gamificación como estrategia que permita la incorporación de nuevas prácticas educativas en el aula para aumentar la motivación y el compromiso de los alumnos, para elevar el pensamiento crítico como innovación educativa de los estudiantes universitarios por medio del aprendizaje basado en problemas.

A través de este trabajo investigativo se espera describir el uso de la Gamificación en la Enseñanza de la Matemática por parte de los docentes de la institución educativa, identificar las técnicas de gamificación que utilizan los docentes en la enseñanza de la Matemática y analizar los beneficios de la aplicación de la gamificación en el proceso de enseñanza – aprendizaje de la asignatura; promoviendo el uso efectivo de esta estrategia como recurso educativo.

La enseñanza de la Matemática enfrenta grandes barreras, como el bajo nivel de motivación de los/as estudiantes, el desinterés de aprendizaje de la asignatura y los hábitos de estudio de cada estudiante. La gamificación aplica elementos propios de los juegos en el contexto educativo, los adapta y ofrece una vía para facilitar las experiencias de aprendizaje, más atractivas, interactivas, participativas, colaborativas y enriquecedoras; a través de competencias, desafíos, recompensas y juegos. La gamificación aporta al desempeño académico, formativo y personal de los/as estudiantes.

1.1. Gamificación

De varios conceptos de gamificación, es pertinente tomar la definición de García, F., Cara, J.F., Martínez, J.A., y Cara, M.M., (2020) quienes concluyen que "esta metodología, predispone al alumnado a participar, fomentando sus habilidades y competencias. Es una herramienta muy potente que cambia por completo la perspectiva tradicional de la escuela y redefine el proceso educativo. A partir de su implantación, el proceso se centra en las necesidades de sus consumidores, en este caso los estudiantes" (pág. 18). En su defecto se puede afirmar que la gamificación en el contexto de la enseñanza es una herramienta que se utiliza para complementar y mejorar los métodos de enseñanza caducos de años atrás.

1.1.1. La Gamificación como técnica de enseñanza – aprendizaje

López (2019) señala "a manera de conclusión es fundamental comprender el importante papel del juego y de la gamificación como técnica de enseñanza aprendizaje y como potencializador de habilidades necesarias para el desarrollo personal, profesional e integral del ser humano y de fomentar el juego desde temprana edad en la infancia y a lo largo del desarrollo y crecimiento del ser humano. Si bien es cierto que las necesidades de cada individuo son diferentes, también es cierto que, sin importar la edad del ser humano, este requiere del juego, siendo una necesidad y un derecho desde el momento en el que nace, convirtiéndose en una herramienta para facilitar la adquisición del conocimiento significativo y la comprensión del entorno" (pág. 9).

De lo anterior se puede describir que la gamificación es una técnica que utiliza elementos del juego, no lúdicos en algunos ambientes y es por ello que las actividades son más atractivas y divertidas, son estimulantes para los/as niños/as en edad temprana y hacen que su desempeño escolar sea favorable, propiciando el aprendizaje autónomo, pensamiento crítico, resolución de problemas y el trabajo en equipo; fomenta el estudio activo, las respuestas instantáneas, aumenta la seguridad, confianza y fortalece su personalidad.

1.1.2. La Gamificación y la pedagogía docente

El desempeño docente juega un papel principal en el proceso educativo. Al respecto, Hernández-Peñaranda, J. O., Jaramillo-Benítez, J., & Rincón-Leal, J. F. (2020) "los docentes del siglo XXI deben usar el poder pedagógico de la gamificación que es sin duda un recurso valioso para seducir al estudiante en el aprendizaje de las matemáticas y al mismo tiempo aceptar el reto de innovación educativa, teniendo en cuenta que la gamificación requiere crear una narrativa que oriente el objetivo del proceso enseñanza – aprendizaje que se desea obtener en el aula" (pág. 33).

El compromiso del/ de la docente es tener claro que quiere lograr al integrar la gamificación como complemento de la pedagogía en la enseñanza, se debe definir objetivos de aprendizaje, variedad de elementos de gamificación adecuados, diseñar planificaciones con posibilidades de evaluación de estas adaptaciones y sobre todo tener cuidado de no exceder en la utilización de este recurso.

1.2.   Elementos de la Gamificación

Generalmente se representan en forma piramidal, según Chaves Yuste (2019) "las dinámicas son elementos que están presentes en casi todos los juegos y suponen el nivel más alto de abstracción, por mecánicas se entienden elementos más específicos que implican acciones detalladas y dirigen a los jugadores hacia la dirección deseada para cumplir los objetivos establecidos y por otro lado los componentes son elementos necesarios para el funcionamiento de las mecánicas del juego" (pág. 2). Estos elementos hacen que el proceso de enseñanza - aprendizaje sea más atractivo y efectivo.

Se pueden plantear elementos dinámicos como retos, competencias, colaboraciones, refuerzos académicos, retroalimentaciones en las que se motive a mejorar el rendimiento escolar; por otro lado, es oportuno adaptar elementos mecánicos en las evaluaciones de las actividades escolares como puntos por completar tareas o participar en clase, insignias para reconocer logros o avances importantes, rankings para comparar el progreso de los/as estudiantes y recompensas por alcanzar objetivos. Los componentes de gamificación hacen referencia a la estética de los juegos, es decir el diseño, la interfaz, imágenes, sonido… etc. Las que hacen que la experiencia sea más cautivadora y relevante.

1.3.   Características de Gamificación

Durante los últimos años de práctica docente en el aula, se puede describir los múltiples errores por parte de los/as docentes, en un inicio la falta de experiencia hace que sean más comunes, luego con la práctica se consigue entender que una de las falencias es la disminución del estímulo en los primeros años de aprendizaje, donde primaba la creatividad, el desarrollo de la motricidad fina, ejercicios de relajación, ejercicios psico motrices básicos para escritura, la motivación intrínseca y el aprendizaje significativo para la concentración en áreas de lógica y matemática; entonces algo cambia en el proceso de enseñanza de los niños en los primeros años escolares y su orden de avance, dejan de jugar aprendiendo y existe este divorcio en el camino, así como Ardila-Muñoz, J. Y. (2019). Señala como características:

La gamificación adapta elementos del diseño de los juegos para ser implementados en situaciones no jugables como la educación. De esta manera, se procura crear ambientes de aprendizaje divertidos y voluntarios. La gamificación se fundamenta en influenciar el comportamiento o la actitud de las personas; en el caso de la educación, busca aumentar el compromiso de los estudiantes con su aprendizaje. Para lograrlo, acude a la definición de reglas, tareas de seguimiento y la realimentación positiva (pág. 79).

1.4.   Beneficios de la Gamificación

Ardila-Muñoz, J. Y. (2019). Menciona "la gamificación en la educación trae beneficios como un mayor control y seguimiento a las acciones que adelantan los estudiantes; las actividades evaluativas pierden su carácter punitivo; la relación enseñanza-aprendizaje se caracteriza por la competitividad y la cooperación, y promueve el aprendizaje basado en problemas y el aprendizaje por descubrimiento" (pág. 79). La implementación de la gamificación de manera correcta, diseñada y detallada permitirá a los niños/as a través del juego generar aptitudes para resolver problemas de la vida real con mayor habilidad y criterio.

1.5.   Gamificación y Matemática

Por medio de su estudio recomiendan Aristizábal, Colorado & Gutiérrez (2016) "teniendo en cuenta la realidad educativa, se recomienda a los docentes plantear y acoger estrategias pedagógicas y didácticas innovadoras en el marco del juego como estrategia de enseñanza, que conlleven al desarrollo del pensamiento matemático. Se sugiere dar continuidad a la propuesta del juego como una estrategia didáctica para desarrollar el pensamiento numérico en las cuatro operaciones básicas y en otros temas, como una estrategia eficaz para superar las dificultades encontradas en la educación matemática. Se sugiere a los docentes del área de matemáticas de educación básica, la aplicación de las estrategias orientadas a desarrollar el pensamiento matemático en los estudiantes, para potenciar las habilidades que les permitan mejorar el acceso al saber" (pág. 124-125).

1.5.1. Herramientas para Gamificación en Matemática

Existe una gran variedad en herramientas de gamificación empleadas en la enseñanza de la Matemática, de las que se señalan estas:

1.5.1.1. Kahoot kids. – es una plataforma de aprendizaje gamificada para niños de 4 años en adelante, ofrece una gran variedad de actividades educativas que cubren temas de Matemática, Lengua y Literatura, Ciencias Naturales y Estudios Sociales, ayuda a los/as niños/as a aprender y divertirse al mismo tiempo.

Figura 1: *Logo de la plataforma*

Kahoot!

Nota. Plataforma Kahoot. Tomado de Wikipedia

1.5.1.2. Quizizz. – es una plataforma que incluye elementos de gamificación, como puntos, insignias y rankings, para motivar a los alumnos y fomentar el aprendizaje activo.

Figura 2: *Logo de la plataforma*

QUIZIZZ

Nota. Plataforma Quizizz. Tomado de URL: https://quizizz.com/

1.5.1.3. Educaplay. – es una herramienta valiosa para educadores que deseen crear experiencias de aprendizaje atractivas e interactivas para sus estudiantes.

Figura 3: *Logo de la plataforma*

educaplay

Nota. Plataforma educaplay. Tomado de URL: https://es.educaplay.com/

1.5.1.4. Cerebriti. – es una plataforma online que permite a los usuarios crear y compartir juegos educativos, es una gran herramienta para profesores y estudiantes.

Figura 4: *Logo de la plataforma*

Cerebriti.

Nota. Plataforma cerebriti. Tomado de URL: https://www.cerebriti.com/

1.5.1.5. Matific. – es una plataforma de aprendizaje digital diseñada para ayudar a niños de 4 a 12 años a aprender matemáticas de una manera divertida y atractiva. Ofrece una variedad de juegos interactivos, actividades y hojas de trabajo alineados a planes de estudio.

Figura 5: *Logo de la plataforma*

Nota. Plataforma matific. Tomado de URL: https://www.matific.com/

1.5.1.6. Phet. – las simulaciones interactivas Phet son un recurso valioso para estudiantes de todas las edades que buscan explorar los conceptos STEM para la educación en ciencia, tecnología, ingeniería y matemática. Son explicaciones exploratorias que permiten interactuar.

Figura 6: *Logo de la plataforma*

Nota. Plataforma PHET. Tomado de URL: https://phet.colorado.edu/es/

1.5.1.7. Nearpod. – es una plataforma de tecnología educativa que permite a los profesores crear presentaciones interactivas para los estudiantes, con gran variedad de elementos como videos, concursos, encuestas, imágenes, experiencias en realidad virtual… etc.

Figura 7: *Logo de la plataforma*

Nota. Plataforma cerebriti. Tomado de URL: https://nearpod.com

2.1. Objeto formal

El objetivo de este estudio, es describir el uso de la Gamificación en la Enseñanza de la Matemática por parte de los/as docentes de la Institución Educativa Eloy Alfaro en el tercer trimestre del año lectivo 2023 – 2024 y su influencia en el rendimiento escolar de sus estudiantes, según Contreras y Eguia (2017), concluye que "utilizar gamificación en las aulas es eficaz siempre y cuando se utilice para animar a los estudiantes a progresar a través de los contenidos de aprendizaje, para influir en su comportamiento o acciones y para generar motivación. Es posible motivar a los alumnos con la introducción de una metodología que incluya retos, metas, etc. Estos elementos fomentan la participación o la acción en los seres humanos en general. Sin embargo, hay que tomar en cuenta incluso el contexto cultural o las experiencias previas" (pág. 16).

Asimismo, se podrían mencionar las ventajas de la gamificación dentro del proceso de enseñanza aprendizaje, todo docente debe tener en cuenta el proceso de desarrollo de la asignatura gamificada y su sostén en el tiempo, si la relevancia de un inicio se mantiene hasta culminar la planificación planteada querrá decir que la motivación del estudiante fue elevada y fue un éxito, de allí que lo siguiente debe ser incluir más competencias de este tipo para afianzar los conocimientos de los/as estudiantes y mantener la mejora en su rendimiento académico.

2.2. Tipo de investigación

Por las características de la investigación se ubica en el nivel descriptivo, estudio de prevalencia de la gamificación en la enseñanza de la asignatura de Matemática, el enfoque es cuantitativo debido al análisis de su única variable "gamificación en la educación", para la cual se empleó una medición; es decir se realizó un tratamiento transversal de la información obtenida. Para la toma de datos se tuvo una retrospectiva de búsqueda de información de fuentes secundarias, documentándose en artículos científicos locales y no locales, la observación de las autoras al desempeño y enseñanza de los/as docentes de la institución, recogiendo impresiones del trabajo en el tercer parcial del año escolar. Estos estudios tienen como principal función especificar las propiedades, características, perfiles, de grupos, comunidades, objeto o cualquier fenómeno. Se recolectan datos de la variable de estudio y se miden (Hernández-

Sampieri y Mendoza, 2018). Este tipo de estudio no se dedica a la manipulación de la variable, sino que se observa, describe y fundamenta, pudiendo obtener varios resultados.

2.3. Diseño de investigación

Por el nivel descriptivo, este estudio es no experimental, porque se determinan las características y elementos importantes de los actores del proceso, en este caso los/as docentes y en base a ello la metodología aplicada a su desempeño docente en la enseñanza de la asignatura de Matemática con la estrategia gamificación, a su vez se puede decir que es una investigación correlacional porque busca analizar los beneficios de la aplicación de la gamificación a la planificación escolar y su impacto en el rendimiento académico.

2.4. Ámbito de estudio

La población estuvo determinada por 28 personas, entre los que se incluye docentes, personal administrativo y de servicio de la institución educativa Eloy Alfaro. No fue necesaria una muestra porque se estudió a toda la población, es decir los 28 docentes de la institución, que imparten la asignatura de Matemática, en los niveles preparatoria, básica elemental y básica media. La técnica de recolección de datos en la investigación realizada fue una encuesta, la cual estuvo conformada por un cuestionario de 23 preguntas que miden la variable y sus dimensiones como: gamificación en la enseñanza, rendimiento académico, desempeño académico, frecuencia de uso, herramientas utilizadas, competencias o destrezas desarrolladas y estrategia didáctica vinculada. El diseño del instrumento encuesta se validó con 3 expertos, el cuestionario está dividido en 8 secciones, en la sección A se encuentran datos socio demográficos y en las secciones B, C, D, E, F, G y H se ubican las dimensiones antes mencionadas. El instrumento que se utilizó en este estudio fue realizado en un formulario en Google Forms a fin de obtener la información sobre el tratamiento de la variable gamificación en la enseñanza de la Matemática.

Tabla 2: Preguntas del Cuestionario

B. Gamificación en la enseñanza	B1. ¿Ha escuchado a qué se refiere la gamificación?
	B2. ¿Utiliza alguna herramienta tecnológica para impartir los contenidos en el aula?

	B3. ¿Ha utilizado alguna herramienta tecnológica basada en gamificación?
	B4. ¿Conoce las plataformas educativas digitales para la enseñanza de la Matemática?
	B5. ¿Planifica sus clases aplicando la gamificación para la enseñanza de la Matemática?
	B6. ¿La aplicación de gamificación en la enseñanza de la Matemática, le resulta beneficioso?
C. Rendimiento Académico	C1. ¿Considera que desde que aplica la estrategia de gamificación, ha aumentado el entendimiento de los conceptos explicados en las clases?
	C2. ¿Considera que desde que aplica la estrategia de gamificación, el rendimiento académico de la asignatura de Matemática ha aumentado?
	C3. ¿Prefiere trabajar las clases de Matemática utilizando las herramientas de gamificación?
	C4. ¿Prefiere trabajar las actividades de refuerzo académico en Matemática utilizando las herramientas de gamificación?
D. Desempeño docente	D1. ¿Tiene conocimiento profundo de la materia que enseña?
	D2. Es un/a docente planificador, organizado y evalúa a sus estudiantes de forma eficaz?
	D3. Es un/a docente que se comunica de manera clara, precisa y efectiva con los estudiantes, familia y otros profesionales de la educación?
	D4. Es un/a docente con actitud positiva hacia la enseñanza y el aprendizaje de sus alumnos/as?
E. Frecuencia de uso	E1. ¿Con qué frecuencia utiliza la gamificación para impartir las clases?
F. Herramientas utilizadas	F1. ¿Ha utilizado alguna de estas plataformas digitales? Kahoot, Quizizz, Educaplay, Cerebriti, Matific, Phet ó Nearpod.
	F2. ¿Considera que realizar las actividades de refuerzo académico con el uso de celular, Tablet, computador facilitan el aprendizaje?
	F3. ¿Considera que las herramientas de gamificación como: avatares, insignias, misiones, desbloqueo de

	contenidos, recompensas, tablero de clasificación y niveles, ¿son elementos valiosos para la enseñanza y el aprendizaje?
G. Competencias o destrezas desarrolladas	G1. ¿Con la gamificación qué operaciones matemáticas son las que mejor domina y antes se la dificultaba enseñar?
	G2. ¿En cuáles de las siguientes estrategias metodológicas aplicadas en el área de Matemática usó gamificación?
	G3. ¿Cuáles cree que fueron las competencias afianzadas luego de usar gamificación en la enseñanza de sus estudiantes?
H. Estrategia didáctica vinculada	H1. Las actividades de aprendizaje empleadas en la gamificación, estuvieron enfocadas en estos aspectos: aprendizaje basado en juegos, aprendizaje basado en retos, narrativa, inmersiva, aprendizaje entre pares, ¿etc.?
	H2. ¿En las clases el docente utiliza dinámicas relacionadas al juego para motivar su aprendizaje?

Fuente: elaboración propia

Según Hurtado (2000) una de las características más relevantes del cuestionario es que las preguntas se realizan de forma sucinta y para su aplicación no se necesita de la presencia del investigador o la persona que lo aplica. Es importante que el cuestionario no sea tan extenso, de lo contrario las personas encuestadas pueden llegar a tener resultados diferentes a la realidad. Además, las preguntas se deben formular de manera sencilla, que le permita al encuestado responderlas en el menor tiempo posible. Este instrumento debe cumplir con los requisitos de validez y confiabilidad antes de ser aplicado; es por ello que una vez validado por los expertos, se procedió a aplicar la prueba piloto y se obtuvo un alfa de Cronbach de 0,915 con n=19 utilizando el software SPSS, con una consistencia alta.

Una vez aplicado el instrumento a la población, se utilizó otras técnicas de recolección de datos como: la observación como uno de los procesos más efectivos para una investigación cuantitativa, la documentación de fuentes bibliográficas fiables y el análisis de datos por medio de programas estadísticos.

Figura 8:

Estadísticas de fiabilidad

Alfa de Cronbach	N de elementos
,915	19

Fuente: software SPSS

El trabajo consistió en aplicar el instrumento diseñado una vez validado y realizado los ajustes sugeridos por los expertos, luego se procesó la información obtenida del cuestionario de Google Forms con ayuda del estadístico Excel, a continuación, se analizó la información se procedió a organizar para levantar los resultados; todo esto llevó aproximadamente 2 meses. Para la recolección de los datos se aplicó la técnica de la encuesta con escala de medición tipo Likert, siendo la población de 28 docentes de la Institución Educativa Eloy Alfaro, en la que se midieron las dimensiones de la única variable, gamificación en la enseñanza de la asignatura de Matemática.

Para analizar los datos se empleó software estadístico SPSS versión 26.0, analizando la matriz de datos de la prueba piloto, entendiendo que el comportamiento de los resultados es correspondiente a la correlación de los ítems y la consistencia alta del alfa de Cronbach; es decir que el estudio va de la mano con los objetivos definidos en la investigación.

Análisis cuantitativo

Los resultados obtenidos de la encuesta revelan que el 100% de los/as encuestados/as, docentes de la Institución Educativa Eloy Alfaro contestaron el cuestionario. Entre las preguntas de factores asociados podemos destacar que la edad promedio de un/a docente oscila entre los 37 años, el 7,1% le corresponde al porcentaje de maestros varones y el 92,9% al porcentaje de maestras mujeres, el nivel académico de los/as docentes es un importante elemento de análisis, ya que el 67,9% de docentes tienen estudios de nivel superior, el 28,6 % cuenta con estudios de post grado y el 3,5% correspondiente a una docente con nivel secundario, por otro lado los salarios percibidos son nivelados ubicándose en el rango de $600 a $1000; es favorable precisar que todos los/as docentes tienen acceso a internet y dispositivos electrónicos para la labor docente.

La tecnología y los dispositivos electrónicos no son necesarios para llevar a cabo experiencias de gamificación en la enseñanza, actualmente se está asimilando a la gamificación como estrategias de juego que deben incorporarse en la planificación docente y debe servir para afianzar el aprendizaje práctico y funcional de los/as estudiantes, sobre todo en edades tempranas. La figura 9 muestra los tres ámbitos principales en la aplicación de la gamificación para la asignatura de Matemática y es importante señalar que hay un porcentaje considerable de maestros/as que relacionan las experiencias de aprendizaje con el juego. Para empezar a gamificar son necesarios una serie de conocimientos para poder planificar el planteamiento de la experiencia a gamificar, el primero es crear el entorno.

Figura 9:

16. B5. Planifica sus clases aplicando la gamificación para la enseñanza de la Matemática?
28 respuestas

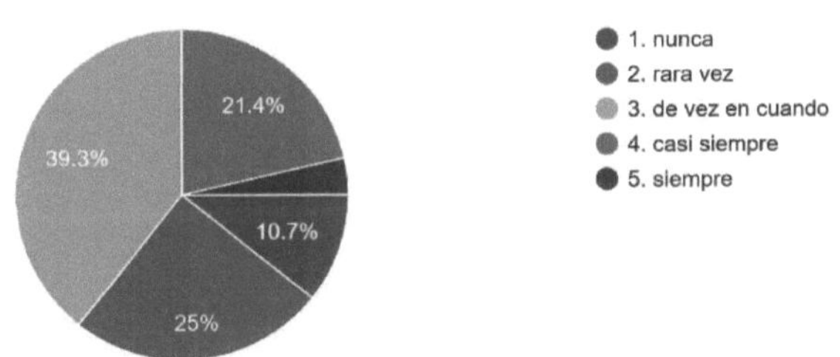

Fuente: Encuesta a docentes de la Institución Educativa Eloy Alfaro

La figura 10, representa los datos sobre las apreciaciones de los/as docentes sobre los beneficios de usar gamificación en la enseñanza de la Matemática y se puede señalar que con una planificación contextualizada en el ambiente educativo, centrada la atención en los discentes, creando un canal efectivo de comunicación entre el/la docente que entrega la información y los receptores de este contexto gamificado, se obtienen resultados satisfactorios que benefician al proceso, no solo cognitivo sino también al desarrollo humano del/la estudiante, creando confianza y seguridad en su formación personal.

Figura 10:

17. B6. La aplicación de gamificación en la enseñanza de la Matemática, le resulta beneficioso?
28 respuestas

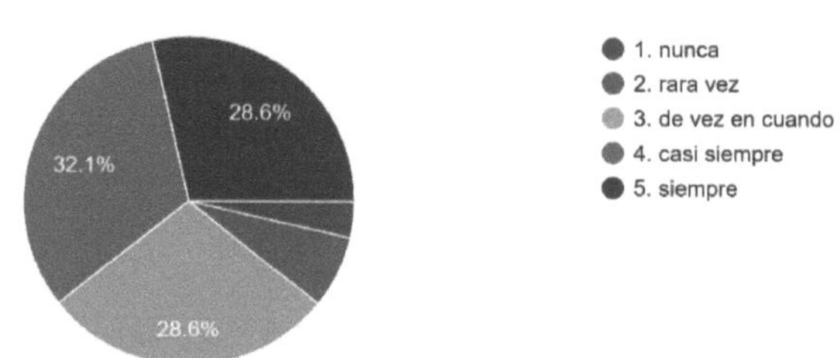

Fuente: Encuesta a docentes de la Institución Educativa Eloy Alfaro

Los resultados se consiguen desde la experiencia seleccionando los elementos correctos para gamificar en la asignatura, no todo es posible gamificar, en este caso es menester mencionar al sistema de evaluación para los/as estudiantes, que en este escenario son niños/as de edades tempranas, hasta niños/as de 11 y 12 años, donde la base del proceso formativo es más cualitativo que cuantitativo, cada docente después de diseñar un sistema, obtiene un rendimiento académico de Matemática que va en aumento, gracias a las estrategias gamificadas que emplea para evaluación, lo que se muestra en la figura 11.

Figura 11:

19. C2. Considera que desde que aplica la estrategia de gamificación, el rendimiento académico de la asignatura de Matemática ha aumentado?
28 respuestas

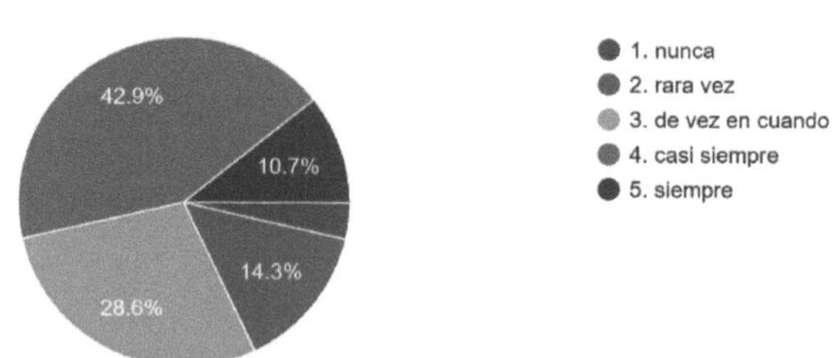

Fuente: Encuesta a docentes de la Institución Educativa Eloy Alfaro

El impacto de las estrategias de gamificación es de relevancia en el proceso de la asignatura y la limitación más importante en este proceso es sostener la gamificación en el tiempo, de la mano de la motivación, es crucial hacer un análisis al inicio, en el camino y al final para determinar el grado de interés de los/as estudiantes; una garantía de ello es la frecuencia con la que se trabaja empleando experiencias gamificadas en el aula, en la figura 12 se evidencia que los/as docentes de esta institución lo hacen cada semana y es un resultado que hace una diferencia significativa para el presente estudio.

Figura 12:

E. Frecuencia de uso   Cantidad de veces que se utiliza algo en un período de tiempo determinado.   26. E1. ¿Con qué frecuencia utiliza la gamificación para impartir las clases?
28 respuestas

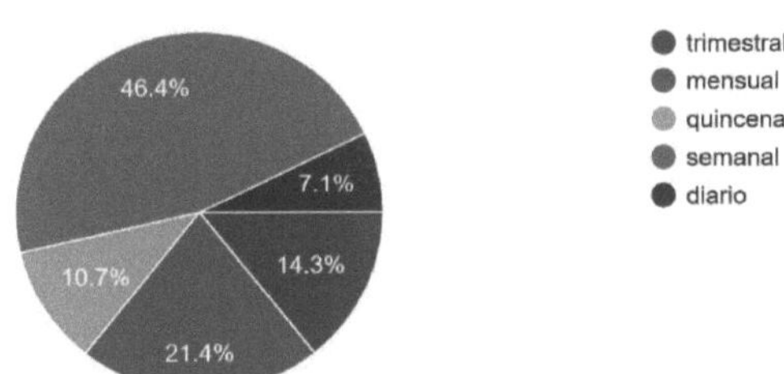

Fuente: Encuesta a docentes de la Institución Educativa Eloy Alfaro

Una de las preguntas del cuestionario hacía referencia a las competencias afianzadas luego de usar gamificación, aunque hay respuestas variadas en la figura 13, se puede apreciar que el 39,2% de los/as docentes concuerdan que al final de la aplicación de la estrategia, sus estudiantes tienen la competencia de resolución de problemas elevada, esto refleja que hay dominio del conocimiento, se ayudó a la construcción de éste de manera poco convencional, se facilitó el aprendizaje, más didáctica en el proceso, fue interactivo y despertó el interés y sobre todo se llegó al objetivo que era comprender mejor el mundo que los rodea.

Figura 13:

32. G3. ¿Cuáles cree que fueron las competencias afianzadas luego de usar gamificación en la enseñanza de sus estudiantes?
28 respuestas

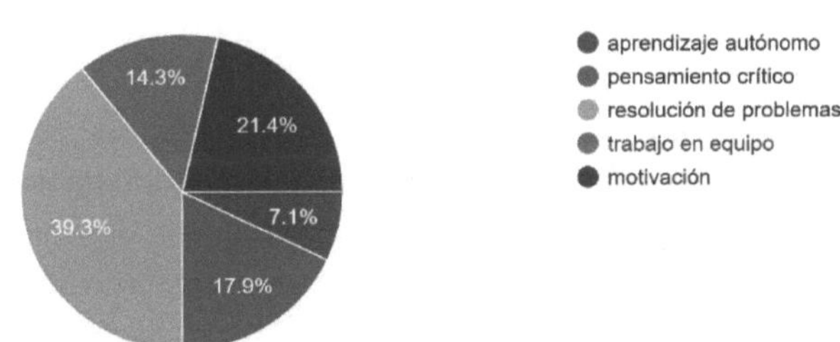

Fuente: Encuesta a docentes de la Institución Educativa Eloy Alfaro

Entre las respuestas de la figura 14, sobre las dinámicas relacionadas al juego para motivar al aprendizaje, es notable la respuesta con el 42,9% correspondiente a la escala "siempre"; los/as docentes de la Institución Educativa Eloy Alfaro están claros que cuando hay juego hay aprendizaje, por eso el juego es una dinámica que no puede faltar en la clase, los porcentajes que siguen en valor de las escalas "casi siempre" y "de vez en cuando" son relevantes también, indican que en menor medida hay un interés por el docente en involucrar al juego en su clase, pero no deja de ser importante.

Figura 14:

34. H2. En las clases el docente utiliza dinámicas relacionadas al juego para motivar su aprendizaje?

28 respuestas

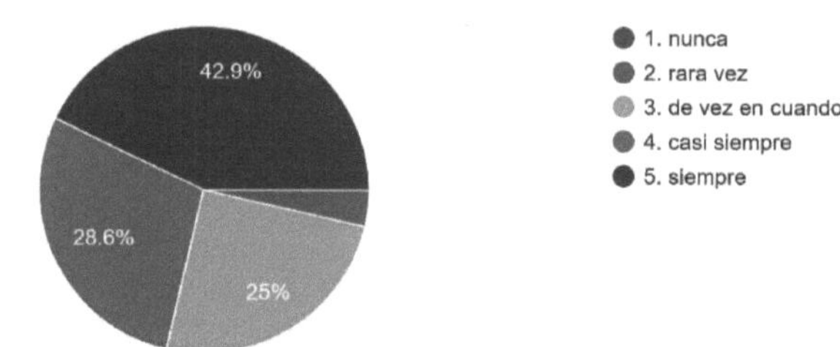

Fuente: Encuesta a docentes de la Institución Educativa Eloy Alfaro

Análisis cualitativo

En cuanto a la influencia del uso de la gamificación en la enseñanza de la Matemática por parte de los/as docentes de la Institución Educativa Eloy Alfaro, se puede concluir:

- Los/as docentes diseñan una planificación con rigor académico que involucra al juego en sus experiencias de aprendizaje.
- La estrategia gamificación permite mayor comprensión en los discentes.
- Los/as docentes por medio de la gamificación tienen mejores resultados en la evaluación.
- Los/as estudiantes tienen una mejora en el rendimiento académico y en el proceso de retroalimentación.
- Para aprovechar mejor los beneficios de la gamificación, se requiere usar con más frecuencia.
- Se requiere superar las competencias afianzadas en la enseñanza de las asignaturas como la Matemática, para que los/as estudiante no sólo resuelvan problemas, sino puedan crear aprendizaje autónomo, desarrollar el pensamiento crítico, trabajen en equipo y mantengan el nivel de motivación.

-    Desde el punto de vista académico, el/la docente debe ayudar a orientar los principios básicos en sus estudiantes y esto se consigue utilizando dinámicas de aprendizaje relacionadas con el juego que permitan una mejor interrelación del docente y el discente.

En los últimos años, la Gamificación ha sido empleada en múltiples iniciativas educativas para enseñar y aprender Matemática, demostrando ser una estrategia eficaz para los estudiantes, lejos de ser aburridas, crean hábitos de trabajo y esfuerzo, involucra a los actores y fomenta autonomía para una correcta resolución de problemas. Este estudio tiene como línea de investigación, el estudio de la Gamificación en la enseñanza de la Matemática; se puede mencionar que los puntos fuertes de la misma son los resultados obtenidos en la aplicación de su instrumento, el cual nos permitió describir a breves rasgos el uso de la Gamificación en la enseñanza de la Matemática por parte de los docentes de la Institución Educativa Eloy Alfaro, los que en gran medida manejan estrategias gamificadas para sus experiencias de aprendizaje.

Por otro lado, se identificaron las técnicas de gamificación que utilizan los docentes para enseñar, aunque es importante señalar que para una próxima investigación sería bueno analizar el impacto de cada una de ellas en el proceso de enseñanza aprendizaje de los/as niños/as implicados/as, con el objetivo de obtener una perspectiva más amplia de los beneficios de la aplicación de la gamificación, comparando los resultados obtenidos de esta investigación y la de Culqui, Daniela (2023); se puede señalar que las actividades gamificadas son una alternativa viable para el proceso de refuerzo académico y que es favorable para niños de entre 5 a 9 años.

Para los/as docentes que contribuyeron a la investigación es importante precisar que deben invertir más espacios en su planificación para realizar una actualización docente, investigación y diseño de sus clases, de los resultados se puede rescatar que el nivel académico es superior, pero sólo un porcentaje bajo de docentes que poseen un nivel académico de post grado, esto ayudará a dar más peso a su labor docente y conseguirán mejores conclusiones. En su trabajo León, Daniela (2022) estudia el crecimiento de los docentes y la satisfacción de su trabajo al realizar una propuesta de intervención que mejoró el nivel con los resultados que arrojó la evaluación final luego de la Gamificación en una unidad didáctica en Matemática.

En el estudio realizado por Ramírez María y Olmos Héctor (2020) dentro de la currícula de los primeros grados de estudio, desde el nivel básico al medio superior, se incluye la asignatura de las matemáticas por su relevancia en vida de toda persona tanto por los cálculos y cuentas per se, como por su importancia en la formación de una estructura cerebral apta para el razonamiento lógico que proporciona la habilidad de la resolución de problemas cotidianos y dado que no han sido ésta la asignatura más gustada o popular, las escuelas e instituciones deben transitar de una enseñanza-aprendizaje de las matemáticas monótona y aburrida a un esquema que motive a los estudiantes y los haga aumentar su propio autoconcepto con respecto a ellas (pág. 60).

Parte de la variedad de posibilidades de la gamificación enfocada en educación, es la utilización de herramientas digitales. Estas herramientas permiten la realización de actividades, la organización, la publicación de materiales y la comunicación entre los involucrados, ya sea coordinadores, profesores, estudiantes y apoderados (Reyes Jofré, 2018). La gamificación enfocada en la educación apunta a mejorar satisfactoriamente el aprendizaje de los/as discentes, ya sean escenarios presenciales o virtuales; son variadas las alternativas para brindar las condiciones propicias de un aprendizaje significativo y sostenido en el tiempo, que proporcione oportunidades y crecimiento personal.

Conclusiones

En conclusión, este estudio se centró en describir cómo los docentes de una Institución Educativa Eloy Alfaro utilizan la gamificación para enseñar matemáticas a los niños/as. Se han identificado las técnicas que emplean y explorado los beneficios de esta estrategia en el proceso de enseñanza y aprendizaje. La gamificación, al incorporar elementos de juegos en la educación, busca hacer más atractiva y participativa la experiencia de aprendizaje, mejorando en gran magnitud el rendimiento académico de los/as estudiantes, creando una dinámica con la asignatura, despertando el interés por la asignatura y elevando la capacidad resolutiva de problemas del contexto donde se desenvuelven.

Nuestros hallazgos sugieren que esta estrategia puede mejorar el desempeño escolar, así como el desarrollo formativo y personal de los/as estudiantes. En un mundo donde la enseñanza de las matemáticas enfrenta desafíos como la falta de motivación y el desapego de la materia, la gamificación emerge como una herramienta prometedora para transformar la manera en que se enseña y se aprende esta asignatura, fomentando un ambiente de aprendizaje más dinámico y colaborativo. Es menester que los/as docentes incorporen con más frecuencia esta estrategia para cumplir con las expectativas de todos los implicados, entre los que se encuentran estudiantes, docentes y padres y madres de familia; es decir la comunidad educativa sostenida en una iniciativa interesante y coordinada, que abre paso a futuras formas de aprendizaje.

Para alcanzar el éxito, el primer paso es crear las condiciones necesarias, éstas condiciones van de la mano de las habilidades de las personas con un propósito, que reconozcan su papel en la sociedad y con apoyo generen oportunidades, es la mecánica de la educación sólo debemos ser actores de cambio.

Referencias bibliográficas

Ardila-Muñoz, J. Y. «Supuestos teóricos para la gamificación de la educación superior.» Revista Internacional de Investigación en Educación, vol. 12, 2019, pp. 71-84, https://doi.org/10.11144/Javeriana.m12-24.stge

Arias Gonzáles, José Luis, y Mitsuo Covinos Gallardo. Diseño y Metodología de la Investigación. Primera, ENFOQUES CONSULTING EIRL, 2021, Libro electrónico disponible en: www.tesisconjosearias.com

Aristizábal Z, Jorge, et al. «El juego como una estrategia didáctica para desarrollar el pensamiento numérico en las cuatro operaciones básicas». Sophia, vol. 12, 2016, pp. 117-25, https://www.redalyc.org/pdf/4137/413744648009.pdf

Cenedesi, Mario Angelo, y Silvia Elena Vouillat. Metodología de la Investigación: del tema a la publicación de los datos. 36.a ed., vol. 17, 2024, https://doi.org/10.32813/2179-1120.2024.v17.n1.a976

Chaves Yuste, Beatriz. «Revisión de experiencias de gamificación en la enseñanza de lenguas extranjeras». 33, vol. 8, noviembre de 2019, pp. 422-30, https://doi.org/0000-0002-4442-9138.

Contreras Espinosa, Ruth, y José Luis (editores) Eguia. Experiencias de gamificación en las aulas. 2017, http://incom.uab.cat

Culqui Tibán, Daniela Lissette. Gamificación como estrategia metodológica en actividades de refuerzo académico en el área de Matemáticas. 2023. Pontificia Universidad Católica del Ecuador Sede Ambato, https://repositorio.pucesa.edu.ec/bitstream/123456789/4254/1/MIE%20Culqui%20Tiban%20Daniela%20Lissette.pdf

García Casaus, F., et al. «La gamificación en el proceso de enseñanza-aprendizaje: una aproximación teórica». Repositorio Dialnet, julio de 2020, pp. 16-24, https://dialnet.unirioja.es/servlet/articulo?codigo=7643607

Hernández Sampieri, Roberto, y Christian Mendoza Torres. Metodología de la Investigación, las rutas cuantitativas, cualitativa y mixta. 2018, https://blogs.ugto.mx/rea/wp-content/uploads/sites/71/2021/11/Cap-3-Sampieri018.pdf. P.E-919087654123.

Hernández-Peñaranda, J. O., et al. «Uso y beneficios de la gamificación en la enseñanza de las matemáticas». Eco Matemático, vol. 11, junio de 2020, pp. 30-38, https://doi.org/https://doi.org/10.22463/17948231.3200

Hurtado de Barrera, Jacqueline. Metodología de la Investigación Holística. 3.a ed., SYPAL, 2000.

Jinez, Fernando. «Uso de la Gamificación para fortalecer el aprendizaje de las Matemáticas en los estudiantes de 1RO BGU». Universidad Tecnológica Indoamérica, vol. 1, octubre de 2023, pp. 77-81.

León Flores, Daniela Tahís. Propuesta de gamificación en una unidad didáctica en la asignatura de matemática con los alumnos de 6 EGB. 2022. Pontificia Universidad Católica del Ecuador Sede Esmeraldas, https://repositorio.puce.edu.ec/server/api/core/bitstreams/4f9c40e8-a51a-4a81-9592-aba025771ba9/content

López López, Mónica Yazmín. «La importancia de la gamificación como técnica de enseñanza aprendizaje a nivel superior». Insigne visual, vol. 24, julio de 2019, pp.49-57, http://www.apps.buap.mx/ojs3/index.php/insigne/article/view/1442/1046

Polo Escobar, Benjamín Roldan, et al. Competencias transversales en el contexto educativo universitario: un pensamiento crítico desde los principios de gamificación. julio de 2022, p. 178, https://doi.org/https://orcid.org/0000-0001-5056-9957

Ramírez, María del Rocío, y Héctor Olmos. Funciones cognitivas y motivación en el aprendizaje de las matemáticas. julio de 2020, pp. 51-63.

Reyes, David. «Gamificación de espacios virtuales de aprendizaje». Centro de Formación Virtual, 2018, UMCE; david.reyes_j@umce.cl - davide.reyesj@gmail.com

Romero Aimacaña, Jhon, y Luis Velasco Bautista. Gamificación e Innovación Pedagógica. 2023. Universidad Técnica de Cotopaxi, https://repositorio.utc.edu.ec/bitstream/27000/11572/1/PP-000322.pdf

Vásquez Unda, Marco Miguel. Gamificación y estándares de aprendizaje del área de matemáticas en estudiantes, U.E. Veinticuatro de Mayo, Santo Domingo. Ecuador 2021. 2021. Universidad César Vallejo Lima - Perú, https://repositorio.ucv.edu.pe/bitstream/handle/20.500.12692/78247/Vasquez_UMM-SD.pdf?sequence=1&isAllowed=y

More
Books!

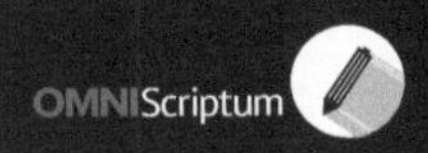

info@omniscriptum.com
www.omniscriptum.com
OMNIScriptum

Printed by Books on Demand GmbH, Norderstedt / Germany